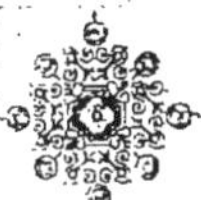

ÉTUDES

SUR

LA FISSURE A L'ANUS,

SUIVIES D'EXPÉRIENCES FAITES DANS LE BUT DE TRAITER ET DE GUÉRIR CETTE DOULOUREUSE MALADIE SANS OPÉRATION ;

Par J.-J. CAZENAVE,

Médecin à Bordeaux, membre correspondant de l'académie royale de médecine de Paris, des sociétés *huntérienne* de Londres, médico-chirurgicales de Bologne et de Berlin, des sciences médicales et naturelles de Bruxelles, de Bruges, des sociétés de médecine de Hanovre, de la Nouvelle-Orléans, de Lyon, de Toulouse, de Marseille, de la société des médecins du grand-duché de Baden, et secrétaire-général de la société médicale d'émulation de Bordeaux.

> . . . . Ce serait rendre un véritable service à l'humanité,
> que de découvrir un moyen thérapeutique capable de guérir la
> fissure à l'anus sans opération.
>
> (DUPUYTREN , *Leçons orales de clinique chirurgicale,*
> deuxième édition, tom. IV, p. 162.)

A PARIS,

Chez J.-B. BAILLIÈRE, libraire de l'académie royale de médecine,
rue de l'École-de-Médecine, 17 ;

A BORDEAUX, CHEZ L'AUTEUR, FOSSÉS DE L'INTENDANCE, 45.

1843.

114
Td 22..

ÉTUDES

SUR

LA FISSURE A L'ANUS,

SUIVIES D'EXPÉRIENCES FAITES DANS LE BUT DE TRAITER ET DE
GUÉRIR CETTE DOULOUREUSE MALADIE SANS OPÉRATION ;

Par J.-J. CAZENAVE,

Médecin à Bordeaux, membre correspondant de l'académie royale de médecine
de Paris, des sociétés *huntérienne* de Londres , médico-chirurgicales de Bologne
et de Berlin , des sciences médicales et naturelles de Bruxelles, de Bruges , des
sociétés de médecine de Hanovre, de la Nouvelle-Orléans, de Lyon , de Toulouse, de Marseille, de la société des médecins du grand-duché de Baden , et
secrétaire-général de la société médicale d'émulation de Bordeaux.

. . . . *Ce serait rendre un véritable service à l'humanité,
que de découvrir un moyen thérapeutique capable de guérir la
fissure à l'anus sans opération.*

(DUPUYTREN , *Leçons orales de clinique chirurgicale,*
deuxième édition, tom. IV, p. 162.)

A PARIS,

Chez J.-B. BAILLIÈRE, libraire de l'académie royale de médecine,
rue de l'École-de-Médecine, 17 ;

A BORDEAUX, CHEZ L'AUTEUR, FOSSÉS DE L'INTENDANCE, 45.

1843.

ÉTUDES

SUR

LA FISSURE A L'ANUS.

Dupuytren, l'illustre chirurgien de l'Hôtel-Dieu de Paris, a dit quelque part : « ...... Ce serait rendre un véritable service à l'humanité que de découvrir un moyen thérapeutique capable de guérir *la fissure à l'anus* sans opération (1). » D'un autre côté, Abérnethy s'exprime ainsi touchant les opérations en général : « Une opération est le plus souvent la honte du chirurgien ; son grand art consiste à empêcher qu'elle ne devienne nécessaire, et à guérir le malade sans recourir à ce moyen extrême (2). »

Est-on parvenu jusqu'ici à guérir les fissures anales sans opération, et l'expérience a-t-elle sanctionné, je ne dirai pas l'infaillibilité, mais la valeur réelle de quelques moyens thérapeutiques proposés pour atteindre ce but ? Les faits répondront à cette question cardinale, mais complexe. Quant à moi, poursuivant peut-être une chimère, j'ai voulu, comme tant d'autres, fournir mon contingent d'essais, d'expériences, et ne suis arrivé à mes fins qu'après quinze ans de tâtonnemens et de pratique, et qu'après avoir vu s'éloigner incessamment, jusqu'à ces derniers temps, le terme de mes aventureuses mais très-inoffensives recherches.

Bien que la connaissance de la fissure à l'anus remonte à une époque très-reculée, et qu'Aëtius, Avicenne, Albucaasis et quelques autres en aient parlé en termes fort vagues, il est vrai, il faut arriver à Boyer, notre célèbre classique, qui l'a si bien décrite dans son *Traité de chirurgie*, pour en avoir une idée nette et

---

(1) Dupuytren. *Leçons orales de clinique chirurgicale*, tom. IV, p. 162, 2me édition.

(2) Abernethy. *Leçons orales; cours de chirurgie.*

précise. La première opération faite à la Charité, sur une fille de vingt-six ans, date du 9 septembre 1809.

La connaissance parfaite de tout ce qui se rattache à la fissure à l'anus, exige des études que je ne ferai qu'indiquer très-sommairement, mais surtout *des occasions pratiques* fréquentes.

L'anatomie du rectum , l'évasement ovoïde , le ventre d'amphore de cet intestin doivent être étudiés d'abord ; il faut savoir aussi qu'il y a un sphyncter supérieur qui supplée aux sphyncters inférieurs quand on a opéré la fissure, sphyncter qui résulte de certaines dispositions des fibres musculaires du *boyau culier*, comme le disait notre célèbre Ambroise Paré , si noblement et si heureusement rajeuni par M. Malgaigne (1).

L'anatomie de l'anus proprement dit est encore plus indispensable , ce me semble. Les sphyncters doivent être disséqués, vus et revus avec soin , mais surtout explorés sur le vivant avec et sans constriction spasmodique, quand il y a et quand il n'y a pas de fissure.

L'acte de la défécation et le rôle que jouent , dans ce mécanisme , le rectum, les sphyncters et le releveur de l'anus , devront être étudiés. On consultera avec fruit un excellent mémoire sur la défécation, consigné dans les *Archives générales de médecine* , numéro de septembre 1833.

La constipation étant souvent une des causes des fissures à l'anus , le chirurgien devra connaître les phénomènes produits sur le rectum par cette constipation ; se rendre compte des efforts considérables que les malades ont à faire quand ils sont constipés , pour faire passer les fèces à travers l'anus , surtout dans les cas où il existe une constriction spasmodique des sphyncters ; savoir les formes et la dureté que les matières fécales acquièrent quelquefois dans le cloaque rectal ; les causes qui aident au séjour de ces matières dans le ventre d'amphore ; ne pas ignorer enfin que la constipation dépend souvent de ce que la distension habituelle de l'évasement ovoïde du rectum a réduit la tunique membraneuse à une faiblesse extrême.

Bien que le siége et les caractères anatomiques de la maladie

---

(1) Œuvres complètes d'Ambroise Paré , revues et collationnées sur toutes les éditions, avec les variantes, etc., etc.; par J.-F. Malgaigne. — Paris, 1840.

que nous étudions à grands traits aient été parfaitement décrits par Boyer, Dupuytren, MM. Velpeau, Blandin, et quelques autres, il faut surtout s'attacher, dans la pratique, à bien distinguer les fissures siégeant au-dessus et au-dessous des sphyncters, d'avec celles qu'on rencontre à leur niveau, car les premières sont généralement bénignes, faciles à guérir, tandis que les autres sont très-douloureuses et ne peuvent être traitées avec succès que par l'opération.

L'étiologie des fissures à l'anus est d'une assez faible importance, car les causes de cette maladie, comme le dit très-judicieusement le professeur Velpeau, ne peuvent pas être indiquées avec certitude. La grande difficulté consiste à savoir si la constriction des sphyncters est la cause ou l'effet des fissures.

Le diagnostic, mais surtout le diagnostic différentiel, offre quelquefois d'assez sérieuses difficultés, et l'on a vu des chirurgiens, d'ailleurs fort distingués, prendre pour des fissures, tantôt des rétrécissemens organiques de l'anus, la névralgie anale, des hémorrhoïdes, le cancer, d'autres fois des rhagades, le ténesme, des chancres, des fistules, des maladies de la prostate, de la vessie, du col utérin, des dartres, le prurit de l'anus, etc., etc. Sans recourir à la pratique d'autrui, j'ai à citer, pour mon compte, quatorze cas de fissures à l'anus prises pour d'autres maladies.

En avril 1831, j'opérai, avec le docteur Burguet, un homme de trente ans qu'on disait être constipé, et auquel deux médecins, avant nous, avaient prescrit des bains, des purgatifs, des lavemens et un régime adoucissant. — En juillet 1832, je vis, avec le docteur Lac de Boisredon, de Verdelais, une femme de quarante ans chez laquelle nous constatâmes l'existence d'une fissure anale. Un médecin, consulté après nous, déclara que nous n'avions pas le sens commun, toucha le col utérin et ne trouva rien : *non erat hîc locus.* Cette femme vécut encore un an avec des douleurs qui ne purent cependant pas la décider à se faire opérer. — En décembre 1833, je fus consulté par un jeune négociant auquel deux médecins avaient déclaré qu'il était tout bonnement porteur d'hémorrhoïdes douloureuses qu'il fallait conserver. Des avis opposés à mon opinion ayant alarmé la famille, je demandai une consultation, à laquelle assistèrent MM. Anthony et Auguste Bermond. La fissure fut reconnue, et j'opérai quelques

jours après, en présence et avec l'aide du docteur Broussouse.—
En novembre 1836, je vis un malade, âgé de soixante-dix-huit ans,
chez lequel je reconnus une fissure qu'on avait prise pour une irritation chronique du col de la vessie ; je l'opérai avec le docteur
Arthaud, et tout symptôme d'irritation disparut.—En septembre
1837, je vis, en consultation avec M. le docteur Grateloup, une
vieille demoiselle à laquelle deux médecins avaient prescrit des
moyens propres à soulager les atroces douleurs que *des hémor-*
rhoïdes lui faisaient éprouver. L'exploration nous démontra, à
mon très-honoré confrère et à moi , que la malade était porteur
d'une fissure avec constriction permanente et très-douloureuse
des sphyncters, dont je la débarrassai en l'opérant. — En décembre 1837 , une dame d'un certain âge avait consulté plusieurs
médecins, qui lui avaient dit que les douleurs qu'elle éprouvait
étaient dues à une constipation opiniâtre et à une *tuméfaction*
probable du col utérin. Le docteur Ulysse-Marie reconnut une fissure très-étendue et horriblement douloureuse, dont nous débarrassâmes la malade par l'opération. — En septembre 1838, le respec-
table docteur Dupuy me fit appeler en consultation pour un de ses
malades, précédemment examiné par un chirurgien habile qui n'a-
vait pas songé le moins du monde à une fissure. Nous explorâmes,
reconnûmes la nature et le siége du mal, et opérâmes en présence
d'un ami du malade que j'avais opéré lui-même, un mois avant,
avec le docteur Dupont fils. — En novembre 1838 , un horloger
de cette ville me vint consulter pour ce que deux médecins lui
avaient dit être un ténesme douloureux dépendant de quelque
maladie chronique du gros intestin. Après avoir reconnu une
constriction des sphyncters et deux fissures, je fis , aidé par
M. Dupont fils , deux incisions profondes, et guéris ainsi le malade de son prétendu ténesme et de sa maladie chronique du gros
intestin.—En juillet 1839, le docteur Arthaud m'adressa une malade chez laquelle deux ou trois médecins avaient reconnu, préten-
daient-ils, une métrite chronique avec un engorgement commençant du col de l'utérus. Mon confrère et moi nous trouvâmes une
fissure anale que j'opérai avec un plein succès.—En juillet 1840,
je vis un malade , de la Martinique, chez lequel on observait
tous les symptômes rationnels de la présence d'un calcul dans
la vessie. Les explorations les plus minutieuses furent négati-
ves , et force me fut d'explorer le rectum et l'anus , bien que rien

ne dût me faire soupçonner aucun mal de ce côté. Je découvris et fis constater une fissure anale par le docteur Brissonneau, qui voulut bien m'aider à faire l'opération. — En février 1842, j'opérai, avec le docteur Dupont fils, une jeune dame qui était venue me consulter en désespoir de cause pour un squirrhe du col utérin, *reconnu* par trois de nos plus habiles confrères. De squirrhe point, mais une fissure dont l'opération me donna les plus vives inquiétudes, à cause d'une hémorrhagie considérable survenue demi-heure après. Cette dame avait oublié de me prévenir que la piqûre d'une épingle, qu'une petite plaie ou la piqûre d'une sangsue donnaient lieu, chez elle, à une perte de sang qu'on avait toutes les peines du monde d'arrêter (1). — En avril 1842, le docteur Fouignet, de Gensac, conduisit chez moi un cultivateur qui prétendait éprouver des difficultés d'uriner et être porteur d'une vieille syphilis, bien qu'il n'en eût jamais eu le moindre symptôme. L'exploration de l'urèthre, de la prostate, du col de la vessie et de la vessie elle-même ne me fournit aucune donnée ; mais je découvris une fissure douloureuse que le docteur Fouignet reconnut sans peine. Plusieurs médecins avaient *drogué* ce malade, c'est le mot, l'avaient cru sur parole, et l'avaient *saturé* de préparations mercurielles de toutes sortes. L'opération le débarrassa de sa fissure, mais non de sa prétendue syphilis constitutionnelle, dont il obsède tous les médecins qu'il consulte.—En juin 1842, je donnai des soins à un créole de la Guadeloupe, client du docteur Desmartis, qui était porteur de rétrécissemens uréthraux, de fistules urinaires et d'une fissure anale méconnue. Mon confrère et moi nous n'arrivâmes qu'en troisième ligne auprès du malade, chez lequel deux très-habiles médecins nous avaient précédés. En traitement depuis un an lorsque nous fûmes appelés, nous débarrassâmes M. N.... de ses rétrécissemens, de ses fistules urinaires et de sa fissure en moins de deux mois.— En avril 1843, je fus consulté par un client du docteur Grateloup, qui avait été porteur, me dit-il, d'une irritation chronique du col

---

(1) Cette dame avait une diathèse hémorrhagique. On lira avec beaucoup d'intérêt dans les *Annales de la chirurgie française et étrangère*, tome VI, p. 218, l'histoire d'une diathèse-hémorrhagique observée sur deux enfans d'une même famille, par les docteurs James et Howie.

de la vessie pour laquelle on l'avait cautérisé deux fois. Évidemment l'effet avait été pris pour la cause : la fissure, méconnue, avait probablement été occasionnée par une constipation très-opiniâtre, par une constitution nerveuse extrême ; et les envies fréquentes d'uriner, quelques spasmes de l'urèthre, pris pour une irritation chronique du col de la vessie, n'étaient en réalité que l'ombre, que la conséquence d'un tout autre mal. La fissure de l'anus, très-étendue et très-douloureuse, fut opérée avec succès ; mais le malade éprouvera bien long-temps, je le crains, les douloureux effets des deux cautérisations du col de la vessie, qu'on doit blâmer toutes les fois qu'on procède à de pareilles opérations sur des sujets aussi prodigieusement nerveux que l'était le client du docteur Grateloup.

Qu'on me permette d'emprunter à Boyer et à Dupuytren l'exposition des moyens employés pour traiter les fissures à l'anus sans opération.

« Si les symptômes et la marche de la constriction spasmodique et de la fissure de l'anus étaient peu connus , dit Boyer, le traitement curatif l'était bien moins encore. On n'avait employé , chez la plupart des malades auxquels j'ai donné mes soins , que des moyens palliatifs, qui souvent n'avaient apporté aucun changement. Parmi ces moyens, les uns avaient pour but de diminuer la consistance des matières stercorales ; les autres de calmer la douleur et la chaleur du fondement , et d'en affaiblir la sensibilité. Ainsi on prescrivait un régime rafraîchissant , on défendait l'usage des alimens excitans, des boissons échauffantes. Quelques malades ont d'eux-mêmes réduit à moitié, ou à moins encore , la quantité ordinaire de leurs alimens ; d'autres se sont astreints à la pénible sujétion de prendre de deux jours l'un une potion purgative. La plupart faisaient un usage fréquent de clystères simples ou laxatifs ; ils y avaient recours deux, trois et quatre fois chaque jour. Ces moyens procurent d'abord quelque soulagement ; mais au bout d'un certain temps ils deviennent inutiles, et n'apportent pas même un adoucissement momentané. Les fumigations d'eau chaude, de décoction de cerfeuil ou d'infusion de sureau , les aspersions froides , les bains entiers, les demi-bains, l'application des sangsues, les injections narcotiques, les suppositoires et les pommades opiacées , ont quelquefois rendu les douleurs plus supportables ; mais ils ont toujours été insuffisans pour guérir la maladie, et souvent même pour en diminuer les souffrances. Une seule fois cependant j'ai guéri, par quelques-uns de ces moyens, une gerçure de l'anus avec constriction médiocre. Le traitement a été long et suivi avec persévérance. J'ai obtenu de bons effets d'une pommade composée avec

Saindoux.................. deux onces (60 grammes).
Suc de joubarbe.................)
  — de morelle..................⟩ ââ 4 onces (125 grammes).
Huile d'amandes douces......)

On fait fondre cette pommade à une douce chaleur, et on en injecte deux ou trois cuillerées dans le rectum avec une petite seringue ; on répète cette injection deux ou trois fois dans la journée.

« Chez la plupart des malades que j'ai traités , j'ai employé ces remèdes avant d'en venir à des moyens plus énergiques ; dans tous, excepté dans celui dont je viens de parler, ils n'ont pu me dispenser d'y recourir (1).

» L'insuffisance reconnue de presque toutes les applications locales, dans cette maladie si douloureuse, a fait successivement abandonner le plus grand nombre des moyens qui avaient été regardés ou comme curatifs ou comme palliatifs , et on n'emploie plus généralement qu'une opération toujours sans danger , il est vrai, et toujours suivie d'un succès assuré, mais fort douloureuse, à laquelle les malades se résignent avec peine.

».... .. Si le moyen thérapeutique dont nous allons parler n'est pas suivi dans tous les cas de succès, il a réussi assez souvent dans les mains de M. Dupuytren , pour qu'on en tente plus fréquemment l'usage avant de se décider à l'opération (2). »

Le moyen indiqué par Dupuytren consiste à graisser une mèche d'un volume médiocre avec la pommade suivante, et à l'introduire graduellement plus volumineuse dans le rectum :

---

(1) Boyer. *Traité des maladies chirurgicales et des opérations qui leur conviennent,* t. X, p. 114, quatrième édition.—Paris, 1851.

(2) Dupuytren. *Leçons orales de clinique chirurgicale faites à l'Hôtel-Dieu de Paris,* t. IV, p. 162, deuxième édition.— Paris, 1839.

Axonge...................... 6 gros (24 grammes).
Extrait de belladone........ 1 gros 4   id.
Acétate de plomb........... 1 gros 4   id.

Bien que Boyer assure que le traitement des fissures à l'anus par la dilatation ne lui ait jamais réussi , Béclard , MM. Marjolin, Nacquart et Mondière, paraissent en avoir obtenu des succès incontestables.

Pour mon compte, j'ai essayé cinq fois de la dilatation, et cinq fois j'ai vu la constriction des sphyncters s'augmenter, l'irritation et la douleur devenir insupportables , ce qui ne me parait pas devoir infirmer les faits rapportés par les praticiens distingués que je viens de nommer.

EXPÉRIENCES FAITES DANS LE BUT DE RENDRE LE PASSAGE DES MATIÈRES FÉCALES NUL OU A PEU PRÈS NUL , PENDANT UN TEMPS DONNÉ , A TRAVERS L'EXTRÉMITÉ ANÁLE DU RECTUM.

Deux de mes malades à la campagne, porteurs de fissures à l'anus, furent si récalcitrans pour se laisser opérer (1828), que je conçus le projet de faire quelques expériences tendantes à obtenir la guérison de cette douloureuse maladie sans opération. Ces expériences, que je laissai imcomplètes en ce sens que je devais y joindre plus tard l'application d'un procédé combiné de façon à ce que les sphyncters de l'anus et la fissure elle-même fussent à l'abri du contact des matières fécales pendant un temps donné, ces expériences, je les ai reprises en sous-œuvre depuis, en ai fait l'application complète et pratique, et en formulerai les résultats dans ce travail.

Pour parvenir à mon but (1), je soumis trois mendians d'âges différens à des expériences pénibles pour eux, puisqu'il fallait qu'ils rompissent avec leurs habitudes pour se soumettre à tel ou tel régime. Ils n'y consentirent qu'à la condition que je leur donnerais quelque argent.

Le premier mendiant était âgé de soixante ans , le second de

---

(1) J'habitais, à cette époque, une petite ville à six lieues de Bordeaux.

trente-deux et manchot, le troisième de vingt et un ans et aveugle. Ils étaient d'ailleurs bien portans tous les trois.

Voici l'ordre que je suivis et le résultat de mes expériences.

Je supposai avoir affaire à trois malades porteurs de fissures à l'anus, que je voulais alimenter de façon à ce qu'il se formât et à ce qu'ils rendissent le moins de matières fécales possible, en d'autres termes à leur donner une nourriture substantielle qui pût fournir une chylification active, abondante, et fort peu de résidus stercoraux. Je supposai encore pouvoir disposer de quinze jours pour savoir jusqu'à quel point je pourrais pousser l'abstinence chez ces trois mendians sans les réduire à un état de faiblesse trop considérable, en ayant égard toutefois aux différences d'âge et de tempérament.

Je commençai le 1er octobre 1828.

Le premier et le plus vieux de ces mendians, âgé de soixante ans, d'un tempérament sanguin prononcé, mangeait chaque jour sept cent cinquante grammes de pain de seconde qualité, une soupe à midi, préparée avec un peu de graisse, des haricots et cent vingt-cinq grammes de pain. Il buvait habituellement un demi-litre de gros vin rouge de l'année.

Le second, âgé de trente-deux ans, manchot, d'une constitution athlétique, mangeait un kilogramme de pain de seconde qualité, un bouillon gras (donné par une maison riche du pays), auquel il ajoutait environ cent-vingt-cinq grammes de pain, et buvait d'assez bonne piquette rouge.

Le troisième, aveugle, âgé de vingt et un ans, lymphatique, blond, ayant la peau très-blanche, excessivement apathique, presque idiot, mangeait fort peu chez un artisan qui l'occupait, pendant l'hiver, à divers petits travaux dont il pouvait s'acquitter quoique aveugle. Trois cent soixante quinze grammes de pain, un potage préparé avec des plantes légumineuses, et deux verres de vin blanc, composaient sa nourriture et le boire de tous les jours.

Les selles des deux premiers mendians étaient abondantes, de couleur fauve-jaunâtre, d'une odeur très-fétide, consistantes et réglées à une fois par vingt-quatre heures.

Les selles du troisième étaient presque toujours liquides et recouvertes d'une sorte de vernis gluant et grisâtre ; il allait à la garde-robe au moins deux fois toutes les vingt-quatre heures.

Ces données suffirent pour me fixer sur la quantité d'alimens que je devais leur prescrire, en les soumettant à une sorte d'abstinence graduelle et tellement ménagée que leur santé n'en pût éprouver aucune atteinte.

Pendant deux jours seulement je continuai la nourriture habituelle de mes trois mendians, et ne commençai que le troisième à diminuer la quantité des alimens dans les proportions suivantes :

3, 4 et 5 octobre. — Pour le vieillard :
Six cent quatre-vingt-cinq grammes de pain ;
Soupe avec quatre-vingt-dix grammes de pain ;
Un tiers de litre de vin coupé avec deux tiers eau.
Selles moins copieuses, aussi fétides, un peu moins consistantes et réglées.

3, 4 et 5 octobre. — Pour le manchot, âgé de trente-deux ans :
Huit cent soixante-quinze grammes de pain ;
Potage gras moins substantiel et soixante grammes de pain ;
Diminution de la quantité habituelle de piquette ;
Cessation des excès du dimanche.
Constipation de quarante-huit heures ; pesanteur intestinale ; ardeur épigastrique faible.

3, 4 et 5 octobre. — Pour le jeune aveugle :
Trois cent dix grammes de pain ;
Moitié moins de potage ;
Réduction du vin blanc aux deux tiers de la quantité ordinaire.
Rien de changé dans la quantité, la couleur et la fréquence des selles.

6 et 7 octobre. — Pour le vieillard :
Cinq cent soixante grammes de pain ;
Soupe avec quarante-cinq grammes de pain ;
Un quart de litre de vin, avec recommandation d'y ajouter toute l'eau nécessaire pour ces deux jours.
Légère sensation de faim vers le soir ; trois selles un peu liquides, mêlées de matières moulées et jaunâtres.

6 et 7 octobre. — Pour le manchot :
Huit cent dix grammes de pain ;
Bouillon gras sans pain ;
Deux verrées ordinaires de piquette et un peu de vin rouge.
Sentiment de bien-être et de liberté d'action non éprouvé jus-

que là. Cet homme, qui avait ordinairement une céphalalgie gravative vers le soir , et la face constamment vultueuse, ne ressent plus la première et n'est plus aussi enluminé.

Une seule selle facile et très-copieuse pendant ces deux jours.

6 *et* 7 *octobre.* — Pour le jeune aveugle :

Deux cent cinquante grammes de pain ;

Point de potage ;

Le quart du vin pris habituéllement , mais étendu dans beaucoup d'eau ;

Trois cuillerées à bouche de vin de gentiane pour faciliter les digestions qui sont habituellement laborieuses.

Trois selles liquides , muqueuses et peu copieuses.

8 *octobre.* — Ce jour-là je crus qu'il était opportun de passer à l'usage d'une alimentation qu'on pourrait appeler *non-stercorale,* qui nourrit sous peu de volume , qui fournit beaucoup de matériaux alibiles et peu de matières fécales. J'avais un excellent modèle à suivre pour atteindre ce but , et les préceptes diététiques que donne Broussais relativement aux alimens qui sont les plus propres à être bien digérés , à fournir beaucoup de chyle , et point ou fort peu de résidus stercoraux , me parurent être on ne peut plus applicables aux expériences que j'avais commencées. « Les alimens les plus propres à se convertir en chyle , dit Broussais , ne sont bien digérés et promptement absorbés qu'autant qu'ils ne sont pas admis dans l'estomac en trop grande quantité ; si le contraire a lieu , ils passent à demi digérés.... (1). » La conséquence est facile à déduire pour l'objet que j'avais en vue.

« Les alimens les moins propres à laisser du résidu , dit encore Broussais , sont ceux qui n'ont point de tissu organisé. Quoi que puisse faire l'art du cuisinier pour attendrir et rendre digestibles les tissus organisés , de quelque nature qu'ils soient , il ne saurait opérer assez efficacement pour que la fibre soit complètement soluble par les forces digestives et réductibles en chyle ; la digestion ne fait qu'en extraire les parties nutritives.

» Le pain , tel qu'on le fournit dans les hôpitaux, quoi-

---

(1) F.-J.-V. Broussais. *Histoire des phlegmasies ou inflammations chroniques,* etc., troisième édition , tome III, p. 220. — Paris, 1822.

qu'il soit agréable et nourrissant, contient encore trop de son et donne trop d'excrémens. Le pain le plus blanc, le plus délicat et le plus fermenté, est à préférer à celui qui est moins blanc, quoique plus savoureux ; mais il ne doit être employé qu'en panade, en bouillie, et passé à travers un tamis, etc.

» Le riz entier est presque complètement réductible en mucilage nutritif ; il est aussi mieux digéré et moins stercoral que le pain ; mais la farine bien triturée, et la fine fleur de celle du froment, sont bien préférables.....

» On peut, avec ces deux matériaux, préparer des coulis et des bouillies, soit à l'eau, soit au lait., qui satisfont parfaitement à l'indication. Je me servais, dans les hôpitaux militaires, de la bouillie faite avec la farine de froment et le lait de vache.

» Dans la pratique civile, il y a, pour entretenir la nutrition, sans laisser beaucoup d'excrémens, mille ressources dont on est privé par les réglemens des hôpitaux militaires. On trouvera dans les semoules, les gruaux, les pâtes ou vermicelles, pourvu qu'ils soient très-fins, des moyens de varier agréablement la nourriture, en combinant ces diverses substances avec le lait, la crème, les œufs, le sucre, selon le goût du malade...... (1). »

Il est facile de voir que tout ce que je viens d'emprunter à Broussais est d'une grande utilité pour diriger le médecin qui cherche à rendre l'acte de la défécation le plus rare possible.

Je continue la narration de mes expériences.

8 *et* 9 *octobre*, pour le vieillard :

Trois cent soixante-quinze grammes de pain très-blanc et bien cuit ;

Point de potage ;

Une tasse de bouillie faite avec de la farine de froment aussi blutée que possible, un jaune d'œuf et du lait ;

Un peu de vin avec de l'eau.

Deux selles moulées et beaucoup moins copieuses que les précédentes.

8 *et* 9 *octobre*, pour le manchot :

Cinq cents grammes de pain ;

Deux tasses de bouillie *ut suprà* ;

---

(1) F.-J.-V. Broussais, *loc. cit.,* p. 220, 221, 222, 223.

Point de piquette ;

Trois verres de vin rouge par jour étendu dans beaucoup d'eau.

Ce mendiant , impatienté d'une pareille manière de vivre , ne veut plus s'y soumettre , dit-il, et cela parce qu'il ne peut plus endurer la faim qu'il éprouve. De nouvelles offres et l'assurance qu'il ne sera pas incommodé le font acquiescer à mes vues.

Deux selles peu copieuses de matières , consistantes d'abord , puis semi-liquides.

8 *et* 9 *octobre*. — Pour le jeune aveugle :

Cent quatre-vingt-cinq grammes de pain ;

Deux tasses de la bouillie indiquée ;

Continuation du vin de gentiane.

Trois selles liquides, muqueuses, rendues en petite quantité chaque fois.

10 *et* 11 *octobre*. — Pour le vieillard :

Cent quatre-vingt-cinq grammes de pain très-blanc ;

Cent vingt-cinq grammes de mie de pain de la même qualité , réduites en crème par expression, avec addition de sucre fin ;

Eau vineuse pour boisson.

Une seule selle consistante , du poids de quatre-vingt-dix grammes.

10 *et* 11 *octobre*. — Pour le manchot :

Deux cent cinquante grammes de pain sec, très-blanc ;

Cent vingt-cinq grammes de mie de pain , préparée comme pour le précédent ;

Eau vineuse pour boisson.

Le soir du 11 octobre, je suis obligé de permettre quatre-vingt-dix grammes de pain pour apaiser la faim de cet homme.

Une selle moulée et consistante, du poids de cent cinquante-cinq grammes.

10 *et* 11 *octobre*. — Pour le jeune aveugle :

Quatre-vingt-dix grammes de pain très-blanc ;

Soixante grammes de crème de pain sucrée ;

Un œuf à la mouillette ;

Continuation du vin de gentiane et de l'eau vineuse pour boisson.

Une selle composée de trois *pelottes* consistantes , pesant chacune environ douze grammes. Les restes de cette selle sont muqueux.

Le 12 et le 13 octobre, le vieillard ne paraît pas très-faible ; le manchot éprouve toujours un sentiment de faim , sans cependant en être sérieusement incommodé.

De toutes les graminées le riz étant celle qui contient la plus grande proportion de fécule (analyse de Vauquelin , Braconnot et Vogel), et pouvant être complètement réduite en mucilage nutritif, je me décidai à nourrir mes trois mendians exclusivement avec elle.

12 et 13 *octobre*. — Pour le vieillard :

Cent vingt-cinq grammes de farine de riz bouillie dans du lait de vache ;

Point de selle et pas le moindre besoin.

Sensation de faim très-supportable, que je calme avec une solution un peu concentrée de gomme adragant.

12 et 13 *octobre*. — Pour le manchot :

Deux cent cinquante grammes de farine de riz bouillie dans du lait de vache ;

Deux œufs à la mouillette.

Cet homme me dit éprouver une faim assez vive , mais qu'il supportera , s'il le faut. Je lui donne deux morceaux de gomme adragant.

Une selle consistante pesant quatre-vingt-dix grammes.

12 et 13 *octobre*. — Pour le jeune aveugle :

Cent cinquante-cinq grammes de farine de riz bouillie dans du lait de vache.

Ce mendiant me dit n'avoir pas plus faim qu'à l'ordinaire.

Pas de selle , mais quelques mucosités blanchâtres.

14 octobre. — Je réduis de moitié la bouillie de riz au lait. Le manchot seul, c'est-à-dire l'homme le plus fort , souffre de la faim, que je calme parfaitement avec de la gomme adragant.

Aucun de ces trois hommes n'a de garde-robe.

15 octobre. — Diète pour les trois.

Je fais servir deux demi-lavemens huileux à chaque mendiant. Le vieillard et le jeune aveugle rendent des mucosités peu consistantes , et environ quarante-cinq grammes de matières fécales délayées ou moulées.

Je permets à ces trois hommes de manger de la gomme adragant pour tromper leur faim, qu'ils supportent avec une résignation que j'étais loin de supposer. Le jeune aveugle seul a toujours été peu sensible aux privations.

Aucun des mendians n'a de garde-robe.

16 *octobre.* — Solution de gomme adragant très-concentrée pour tous, avec addition d'une certaine quantité de sirop simple.

Cent vingt-cinq grammes de lait de vache pour chacun.

Point de selles.

17 *octobre.*—Solution de gomme adragant *ut suprà* pour les trois.

Pour le vieillard : Soixante grammes de farine de riz bouillie dans une tasse de lait de vache.

Point de selles.

Pour le manchot : Soixante grammes de farine de riz bouillie dans une tasse de lait de vache.

Point de selles.

Pour le jeune aveugle : Même quantité de farine de riz préparée de la même manière.

Une selle composée d'une petite quantité de matières muqueuses et de matières fécales délayées.

La bonne volonté de mes trois mendians et le courage avec lequel ils supportent l'abstinence, m'engage à la prolonger pour tirer tout le parti possible de mes expériences, que des médecins d'hôpitaux pourront répéter bien plus facilement, et à moins de frais et de soins que je n'ai pu le faire dans une petite ville où de très-nombreuses occupations me laissaient à peine le temps de prendre quelque repos.

18 *octobre.* — Solution de gomme adragant très-concentrée avec addition d'une certaine quantité de sucre pour les trois.

Même quantité de farine de riz que le 17.

Le vieillard et le manchot n'ont point de selles ; le jeune aveugle rend une très-petite quantité de matières fécales muqueuses.

19 *et* 20 *octobre.* — Le vieillard et le manchot se plaignent beaucoup, et me disent éprouver une faim qu'ils sentent ne pas pouvoir endurer plus long-temps. Je les rassure, les engage à supporter les mêmes privations pendant encore deux jours, et leur promets de les dédommager ensuite de tous leurs sacrifices.

Même régime, avec la permission de calmer la faim avec de la gomme adragant. Ce moyen m'a toujours réussi.

2

Aucun des mendians ne va à la garde-robe pendant ces deux jours.

21 *et* 22 *octobre*. —Forte solution de gomme adragant édulcorée avec le sirop de sucre pour les deux hommes.

Quatre-vingt-dix grammes de farine de riz préparée comme les jours précédens.

Le manchot a une selle dans la soirée du 22. Cette selle, moulée et consistante, pèse soixante-sept grammes.

Le jeune aveugle rend des matières fécales liquides pesant quarante-cinq grammes.

Le vieillard seul n'a pas de garde-robe.

23 *et* 24 *octobre*. — Mêmes prescriptions.

Le vieillard a deux selles de matières moulées, pesant en tout quatre-vingt-quinze grammes.

Les deux autres mendians n'ont pas de garde-robe.

25 *et* 26 *octobre*. — Même prescription commune aux trois hommes pour la solution de gomme adragant.

Cent vingt grammes de farine de riz préparée avec du lait de vache, pour le vieillard et le manchot.

Quatre-vingt-dix grammes de farine de riz, préparée de la même manière, pour le jeune aveugle.

Aucun des trois n'a de garde-robe.

27 *octobre*. — Pas un de ces trois mendians n'avait éprouvé de dérangement sérieux, quoique la monotonie et le dégoût inséparables d'un pareil régime les eussent singulièrement fatigués. La faim qu'ils ont parfois éprouvée était supportable.

Quoi qu'il en soit, les instances de ces hommes m'obligèrent de renoncer à poursuivre mes expériences, qui sont concluantes dans l'espèce, et dignes, si je ne m'abuse, de toute l'attention des praticiens.

Pendant que les trois mendians suivaient leur manière habituelle de vivre, les selles du vieillard et du manchot étaient très-copieuses, de couleur fauve-jaunâtre, consistantes, très-fétides, et réglées à une fois par vingt-quatre heures.

Les selles du jeune aveugle étaient habituellement liquides, muqueuses, enduites d'une sorte de vernis gluant et grisâtre, et réglées à deux par vingt-quatre heures.

RÉSUMÉ DES MODIFICATIONS APPORTÉES PAR LE RÉGIME DANS LE NOMBRE, LA QUALITÉ, L'ODEUR ET LE POIDS DES GARDE-ROBES.

3 , 4 et 5 octobre. — Pour le vieillard :
Selles moins copieuses, aussi fétides, un peu moins consistantes et réglées.

Pour le manchot : Constipation de quarante-huit heures, pesanteur intestinale, ardeur épigastrique faible.

Pour le jeune aveugle : Rien de changé dans la quantité, la couleur et la fréquence des selles.

6 et 7 octobre. — Pour le vieillard :
Trois selles un peu liquides, mêlées à des matières moulées, dures et jaunes.

Pour le manchot : Une seule selle facile et très-copieuse pendant ces deux jours.

Pour le jeune aveugle : Trois selles liquides, muqueuses et peu abondantes.

8 et 9 octobre. — Pour le vieillard :
Deux selles moulées et beaucoup moins copieuses que les précédentes.

Pour le manchot : Deux selles peu copieuses et composées de matières presque molles d'abord, puis demi-liquides.

Pour le jeune aveugle : Trois petites selles liquides et muqueuses.

10 et 11 octobre. — Pour le vieillard :
Une selle consistante du poids de quatre-vingt-dix grammes.

Pour le manchot : Une selle moulée du poids de cent cinquante grammes.

Pour le jeune aveugle : Une selle de trois petites *pelottes* consistantes, et pesant chacune douze grammes.

12 et 13 octobre. — Pour le vieillard :
Point de selle.

Pour le manchot : Une selle consistante pesant quatre-vingt-dix grammes.

Pour le jeune aveugle : Il ne rend que des mucosités dans la matinée du 13.

14 octobre.—Aucun des trois n'a de garde-robe.

15 octobre.—Point de selle dans la journée, si ce n'est le produit des lavemens huileux prescrits.

16 *octobre*.—Point de selles.

17 *octobre*. — Le vieillard et le manchot n'ont pas de garde-robes. Le jeune aveugle, seul, rend une selle muqueuse mêlée à une très-petite quantité de matières fécales liquides.

18 *octobre*.—Le vieillard et le manchot n'ont pas de selles. Le jeune aveugle rend seulement une très-petite quantité d'excrémens moulés.

19 *et* 20 *octobre*.—Pas un des trois n'a de garde-robes pendant ces deux jours.

21 *et* 22 *octobre*.— Le manchot a une garde-robe moulée et pesant soixante-quinze grammes.

Le jeune aveugle rend des matières fécales liquides du poids de cinquante-sept grammes.

Le vieillard n'a pas de selle.

23 *et* 24 *octobre*. — Le vieillard a deux selles moulées pesant chacune quarante-cinq grammes.

Le manchot et l'aveugle n'ont pas de garde-robe.

25 *et* 26 *octobre*.—Aucun des trois mendians n'a de selle.

TRAITEMENT DES FISSURES A L'ANUS ET DE LA CONSTRICTION SPAS-
MODIQUE DES SPHYNCTERS SANS OPÉRATION.

Les matières fécales parvenues dans le renflement de l'extrémité inférieure du rectum s'y accumulent, y séjournent plus ou moins long-temps (1), se durcissent, acquièrent des propriétés âcres, excitantes, et produisent une sensation de pesanteur et de malaise au périnée, un besoin pressant d'aller à la selle. Un effort ou des efforts énergiques tendent alors à surmonter l'action du sphyncter, qui cède à des forces supérieures ; les plis de l'anus s'effacent, disparaissent à ce moment, et sont, ou déchirés, ou éraillés, ou douloureusement froissés quand les matières fécales sont volumineuses et dures, ce qui arrive très-fréquemment chez les personnes constipées.

Lorsque la fissure anale et la constriction spasmodique des sphyncters existent, l'acte de la défécation est très-douloureux, fort redouté des malades, et tend à aggraver leur position, en

---

(1) On sait que le véritable point d'arrêt des fèces est dans l'*S* iliaque du colon.

ce sens que la distension forcée des sphyncters et des plis de
l'anus met la fissure à nu, et l'expose d'autant plus à l'action
tout à la fois contondante et irritante des matières fécales qu'elles
sont plus dures. Après cette exonération si laborieuse, la douleur se calme peu à peu et cesse tout-à-fait, chez la plupart des
malades, pour se reproduire à l'occasion de nouvelles garde-
robes. Donc la constriction spasmodique et la fissure ne révèlent
leur douloureuse existence que pendant et quelques momens
après la défécation. Il y a plus, si les malades peuvent n'aller
que très-rarement à la selle, ou qu'à l'aide d'une alimentation
convenable, de lavemens, de minoratifs et de boissons délayan-
tes, ils parviennent à n'avoir que des selles liquides et ne *tour-
mentant* pas les parties malades au passage. Oh ! alors ils éprou-
vent une amélioration notable, mais qui ne dure pas.

Sans forcer l'induction, il est permis de penser que si, par ex-
ception et pendant un assez long temps, la défécation n'avait pas
lieu chez les individus porteurs de fissures avec constriction spasmodique des sphyncters, ou chez ceux qui n'ont que l'une ou
l'autre de ces maladies, ils guériraient sans soins et par un travail
fort simple de cicatrisation dont la nature ferait tous les frais. Eh
bien ! le génie chirurgical de Boyer a changé ces suppositions en
une incontestable réalité, car l'ingénieuse opération dont il a
doté la science guérit indifféremment la fissure avec constriction
spasmodique, ou l'une de ces maladies seulement, non pas par
le seul bénéfice d'une ou de deux incisions, pas plus qu'en in-
cisant sur la fissure à laquelle on ne touche presque jamais,
mais bien en suspendant momentanément le passage des matières fécales à travers l'anus, en vidant préalablement le gros
intestin, en mettant les opérés à une diète sévère pendant les
premiers jours, et en s'opposant momentanément aussi à la con-
traction et à la dilatation du sphyncter et des plis de l'anus,
au fond de l'un desquels la fissure, désormais à l'abri de tout
mouvement communiqué et de tout contact irritant, guérit bientôt, sans secours chirurgical aucun.

Cela posé, peut-on guérir sûrement la fissure à l'anus sans
opération ? En d'autres termes, peut-on arriver à des résultats
analogues à ceux qu'on obtient à l'aide d'une opération très-
douloureuse, 1° en soumettant les malades à un régime convenable ; 2° en obtenant liquides ou semi-liquides les matières

qui doivent passer à travers la filière anale ; 3° en s'y prenant de façon à ce que les plis muqueux de l'anus ne se distendent pas, à ce que les sphyncters soient à peine dilatés, et conséquemment à ce que *l'appareil anal* demeure dans le repos le plus complet et le plus long possible ; 4° enfin, en usant d'un moyen propre à éviter le contact des matières fécales avec la fissure ou les sphyncters ? Des faits pratiques concluans seront ma réponse à ces questions.

Voici comment je procède pour traiter les fissures à l'anus, avec ou sans constriction spasmodique du sphyncter, sans recourir à l'opération de Boyer, à la modification apportée à cette opération par Dupuytren, à l'excision du professeur Velpeau sans toucher au sphyncter, à l'excision modifiée de M. Jobert, à la méthode sous-cutanée pratiquée successivement par MM. Jules Guérin, Blandin, Brachet, de Lyon, et quelques autres.

A quelques exceptions rares près, j'use des moyens suivans :

1° Régime composé de fécules (de riz surtout), de lait, de bouillies, de pain très-blanc, bien fermenté et bien cuit, de végétaux herbacés et d'alimens gélatineux, comme ayant une propriété laxative chez certaines personnes habituellement constipées. Ce régime doit être prescrit de manière à ne pas trop brusquer les habitudes des malades, et à n'arriver à des doses d'alimens fort restreintes que graduellement, et avec les précautions que tout praticien doit prendre en cas pareil.

2° Minoratifs tous les deux jours. Si le miel, les bouillons de veau et de poulet, la casse, le tamarin, la manne, les pruneaux, etc., ne suffisent pas pour vaincre la constipation et rendre les matières fécales liquides, il faut alors recourir aux purgatifs huileux, salins, etc., etc., pourvu toutefois que l'état de l'estomac et des intestins en permette l'emploi. Je me suis toujours bien trouvé du calomel, ou des pilules de Belloste, ou de la magnésie.

3° Quarts de lavemens émolliens, huileux, miellés, administrés deux fois par jour, et portés aussi haut que possible avec une longue canule en gomme élastique.

4° Injections anales préparées avec une solution d'opium, de belladone ou de jusquiame, afin de tenir habituellement le sphyncter relâché, surtout quand la fissure est compliquée d'une

forte constriction spasmodique de l'anneau musculeux et termi-
nal du rectum. Ces substances agissent , dans ce cas-là , comme
sédatives de la myotilité. Tous les praticiens savent avec quelle
prudence il faut administrer ces narcotiques, même en lavement,
et combien l'inexpérience a occasionné d'accidens et de mécomptes. La constitution, l'idiosyncrasie , l'âge et le sexe des sujets
doivent être pris en très-sérieuse considération , et l'on ne man-
que malheureusement pas de faits dans lesquels de simples injections stupéfiantes, données à très-faibles doses et à des sujets émi-
nemment nerveux , ont produit un engourdissement général , de
l'assoupissement, des vertiges , des nausées , des vomissemens ,
une sorte d'ivresse , du délire, des convulsions , la paralysie ,
etc , etc.

5º Boissons tempérantes.

6º Repos et position horizontale permanens.

Quand le malade a usé de ces moyens pendant une douzaine
de jours , je m'occupe alors de placer un appareil que je vais dé-
crire , sans discontinuer pour cela le régime , les minoratifs , les
lavemens , les injections stupéfiantes et sédatives, les boissons
tempérantes et le repos.

APPAREIL DESTINÉ A EMPÊCHER LE CONTACT DES MATIÈRES FÉCALES AVEC LES PLIS DE LA MEMBRANE MUQUEUSE ET LA FISSURE.

Cet appareil se compose d'un cercle en baleine arrondie , très-
flexible , s'enroulant sur un très-petit mandrin à tête. Cette baleine doit être matelassée avec un peu de linge fin ou de charpie , et
recouverte ensuite d'une enveloppe en bon taffetas ciré ayant huit
travers de doigt de long. Tout étant ainsi préparé, on graisse avec
du cérat et on introduit baleine et mandrin dans l'anus et le rectum, préalablement dilatés par une injection opiacée si le sphyncter est spasmodiquement contracté. Quand la baleine est parvenue
au-dessus du sphyncter et au niveau de l'évasement inférieur du
rectum , son élasticité la fait se dérouler , former un cercle ayant
les dimensions obligées de la partie la plus inférieure du ventre
d'amphore. Cela fait, on arrange le taffetas ciré qui doit franchir
le sphyncter et dépasser l'anus d'au moins quatre travers de doigt.

Les principales précautions à prendre pour que cet appareil

soit convenablement placé et ne fatigue pas les parties avec les-
quelles il est en contact, consistent d'abord à ne se servir que
d'une petite baleine, dont la puissance élastique soit tout juste ce
qu'il faut pour ne distendre qu'à peine le cercle formé par la
portion inférieure du renflement rectal, ensuite à se procurer
du taffetas ciré très-fin et de la meilleure qualité, afin qu'il ne
gêne pas l'action du sphyncter par sa présence.

Mon appareil, fort simple comme on voit, et placé comme je
viens de l'indiquer, a de la fixité, ne gêne en rien la défécation,
et protège la membrane muqueuse de l'anus, la fissure et le
sphyncter du contact des matières fécales, en même temps qu'il
s'oppose à ce que des fragmens de ces mêmes matières, solides
ou liquides, séjournent dans les plis de l'anus et sur la fissure
elle-même.

Voici comment les choses se passent dans l'acte de la défécation, pendant l'application de l'appareil. L'envie d'aller à la selle
survenant, les efforts tendent à engager les matières fécales dans
le sphyncter qui cède, est dilaté, et permet le passage. Le cercle
en baleine, lui, étant en rapport avec des parties qui ont 32° de
chaleur, devient plus souple, moins élastique, et se prête aux
mouvemens imperceptibles, c'est le mot, de la portion du rectum sur laquelle il est arc-bouté, et qu'il ne peut ni gêner, ni
blesser, ainsi que l'expérience me l'a appris. Le taffetas ciré,
qui forme l'entonnoir, et qu'on a eu le soin d'huiler entre chaque
garde-robe, cède à la pression des fèces, se déplisse, suit les
mouvemens du sphyncter en le protégeant, et ne gêne en rien le
retrait de la filière dans laquelle, souple et inoffensif, il se plisse
sans efforts.

Malgré la présence de cet appareil, les malades peuvent prendre des lavemens, des injections, se laver, enduire le sphyncter
et l'anus de pommade opiacée ou belladonée.

La souplesse acquise par la baleine dans le cloaque rectal, fait
qu'on peut la saisir avec une pince un peu recourbée ou avec
le doigt indicateur en crochet, et l'extraire avec la plus grande
facilité.

Voyons maintenant l'épreuve difficile des applications pratiques, et sachons si elles répondront aux vues théoriques émises
dans ce travail.

.OBSERVATION PREMIÈRE.

FISSURE TRÈS-DOULOUREUSE AVEC CONSTRICTION SPASMODIQUE DU SPHYNCTER.

Mme de G....., âgée de quarante-cinq ans , mal réglée, pléthorique , habituellement très-constipée et faisant très-peu d'exercice, souffrait horriblement de l'anus pendant et assez longtemps après chaque garde-robe. Cet état durait depuis trois mois environ , lorsqu'elle vint me consulter. Après avoir constaté l'existence de la fissure et de la constriction spasmodique, je prescrivis des bains, un régime doux , des quarts de lavement, des injections opiacées , des purgatifs répétés et le repos au lit, avec recommandation de ne pas en sortir.

Ce traitement préparatoire soulagea beaucoup la malade, et me permit d'appliquer mon appareil à quelques jours de là. Cet appareil, parfaitement supporté pendant près d'un mois , fut enlevé et replacé plusieurs fois sans difficulté. Un régime végétal , féculent et lacté, graduellement restreint ; l'usage des minoratifs, des lavemens huileux , des injections stupéfiantes , faites dans le but de détruire la constriction du sphyncter ; des boissons tempérantes et des bains , tels furent les moyens à l'aide desquels Mme de G.... guérit de sa fissure et de la constriction spasmodique du sphyncter.

OBSERVATION DEUXIÈME.

FISSURE AVEC CONSTRICTION SPASMODIQUE TRÈS-FORTE DU SPHYNCTER.

M. D...., de la Charente, cinquante-huit ans , constitution nerveuse , ancien capitaine de cavalerie de la vieille garde, a eu une jeunesse très-orageuse , se fatigue encore beaucoup à la chasse, a quelques rares accès de goutte, est très-constipé, mange étonnamment, aime les vins et les liqueurs , et ne sait supporter aucune privation. Après avoir souffert pour la première fois et pendant une vingtaine de jours d'une fluxion hémorrhoïdale, il éprouva des douleurs pendant la défécation , qui, d'abord assez supportables , augmentèrent graduellement d'intensité et s'accompagnèrent de la constriction du sphyncter. Un médecin ne vit là que des hémorrhoïdes, lui donna des conseils en conséquence, et lui recommanda d'être patient et sobre. La patience et la sobriété n'étant pas du goût de M. D...., qui est la pétulance même, et qui aime fort les plaisirs de la table, il vint à Bordeaux pour avoir mon avis.

L'exploration me fit constater à la fois l'existence d'une fissure et d'une constriction très-forte et très-douloureuse du sphyncter. Les selles étaient continuellement sanguinolentes et la marche pénible. Le col vésical, irrité consécutivement, participait aux souffrances de l'anus et se refusait quelquefois au libre passage des urines.

Comme M. D... avait hâte de rentrer chez lui, où des intérêts majeurs seraient en souffrance pendant son absence, je dus brusquer un peu les choses, et le mettre presque de plein saut à un régime qui l'incommoda beaucoup et auquel il fallut renoncer pendant quelques jours. Je repris lentement et avec infiniment de ménagemens l'usage des moyens préparatoires, du régime surtout auquel le malade avait toutes les peines du monde à s'habituer, et ne pus placer l'appareil que trois semaines après son arrivée à Bordeaux. Néanmoins le régime que je prescris ordinairement dans des occurrences pareilles à celle-ci et sur les détails duquel je ne reviendrai pas, fut graduellement supporté. Tout alla parfaitement après un mois de traitement, et la guérison ne s'est pas démentie depuis bientôt cinq mois.

L'appareil fut ôté et remis cinq à six fois sans embarras et sans douleur.

OBSERVATION TROISIÈME.

FISSURE DOULOUREUSE SANS CONSTRICTION SPASMODIQUE DU SPHYNCTER.

M. C....., négociant, quarante-deux ans, lymphatique, blond, a éprouvé d'irréparables malheurs domestiques, et fut obligé, il y a deux ans, de beaucoup voyager en Belgique, en Angleterre, en Prusse, en Autriche et dans le Hanovre, pour rectifier certaines opérations confiées par lui à des commettans inhabiles et de mauvaise foi. De retour à Bordeaux, et fort mécontent des résultats de son voyage, il devint morose, négligea ses affaires, fut fort peu touché des sollicitudes de son intéressante famille, et vit apparaître avec un violent chagrin un eczéma envahissant les fesses, le haut des cuisses, le périnée et le scrotum. Comme le père de M. C..... avait eu une dermatose du même genre dont on n'avait jamais pu le débarrasser complètement, même en l'envoyant plusieurs années de suite à Cauterets, à Barèges et à Bagnères de Luchon, le malade crut ne pas pouvoir guérir aussi, et ne se soumit à l'usage des moyens que je lui conseillai qu'avec la presque certitude de n'en obtenir aucun bon résultat. Je prescrivis néanmoins de la tisane de douce-amère, du sirop de pensée sauvage, la pommade de goudron de Turner, des bains de vapeurs sulfureuses, un régime doux et les eaux thermales des Pyrénées en temps opportun. Ce traitement, l'usage des eaux sulfureuses, mais surtout celui de la pommade anti-herpétique de notre excellent chimiste de Bordeaux, M. Fauré (1), guérirent M. C..... de son eczéma dans l'espace de cinq mois. Quoi qu'il en fût de cet heureux résultat pour une maladie toujours si difficile à guérir, mon client éprouva bientôt une démangeaison insupportable au pourtour de l'anus et une douleur assez vive en allant à la selle, que deux médecins de son pays (Lot-et-Garonne), où il était allé passer quelques jours, lui dirent être, soit *un reste* de sa maladie de la peau, soit des hémorrhoïdes commençantes, soit des oxyures. Fort inquiet de cette décision, mais entraîné par le courant journalier de ses nombreuses affaires, M. C..... supporta ces petits dérangemens sans mot dire, et ne me consulta que lorsque la douleur de l'anus fut insupportable.

L'introduction de mon doigt fut assez facile, mais doulou-

---

(1) Je me sers depuis trois ans environ de cette pommade, et lui dois la guérison de plusieurs eczémas chroniques qui avaient résisté à tous les moyens rationnels et empiriques. Un de mes cliens surtout, homme d'un âge avancé, et tourmenté depuis long-temps par une maladie de ce genre portée au plus haut degré, s'en trouva si bien, il y a deux ans, qu'il alla remercier M. Fauré du service signalé que sa pommade lui avait rendu. Voici la formule de cette préparation que j'ai la permission de publier, et dont M. Fauré, pharmacien haut placé dans l'estime publique, n'a pas entendu faire un monopole :

Sous-nitrate de mercure desséché. . . . . 2 décigrammes.

Axonge pure. . . . . 50 grammes.

Faites par trituration un mélange parfait.

reuse en appuyant à gauche, où je découvris, sur le sphyncter, et en me servant du spéculum uni de M. Amussat, une fissure des plus considérables et saignante. La marge de l'anus ne présentait aucune trace d'eczéma, et je ne découvris aucun oxyure.

Mon traitement par le régime, les lavemens, les injections légèrement stupéfiantes, le repos et l'application de mon appareil guérit M. C.... de sa fissure dans l'espace de vingt-sept à vingt-huit jours.

OBSERVATION QUATRIÈME.

DEUX FISSURES AVEC CONSTRICTION SPASMODIQUE DU SPHYNCTER.

M. L...., quarante-neuf ans, mon ancien camarade d'études au lycée impérial de Bordeaux, d'une forte constitution et n'ayant jamais éprouvé d'autre maladie que quelques douleurs rhumatismales contractées dans des marais en chassant, vint me consulter, il y a six mois, pour que je le traitasse d'une dysurie que son médecin ordinaire lui avait dit dépendre d'un commencement de tuméfaction de la glande prostate. Néanmoins, commençant dès-lors à être constipé et à souffrir de l'anus pendant et assez long-temps après chaque garde-robe, il fit part de cette circonstance à son docteur, qui lui dit que ces douleurs n'étaient que la conséquence de sa dysurie et de l'irritation vésicale qui accompagnait nécessairement cet état. — L'usage des bains de siége, des bougies, et l'application de quelques sangsues au périnée et à l'anus n'ayant produit aucun amendement, M. L.... me pria de l'examiner.

L'exploration du rectum fut difficile et douloureuse, tant le sphyncter était fortement *contracturé*. Néanmoins, après un moment d'attente, mon doigt joua plus librement, et je pus reconnaître le siége précis des deux fissures : l'une était à droite, et l'autre répondait à la région périnéale.

Contre mon attente et en dehors de ce qui se passe ordinairement dans des cas afférens à celui-ci, le traitement préparatoire, mais surtout les injections stupéfiantes, n'amendèrent en rien la constriction spasmodique du sphyncter. Force me fut alors de placer à demeure une petite mèche composée de dix à douze brins

dè charpie très-fine et enduite de cérat fortement opiacé. Cet expé-
dient réussit ; je continuai mon traitement comme je l'ai indiqué,
plaçai, ôtai et replaçai plusieurs fois l'appareil, et pus constater
la guérison de mon malade après quarante jours de traitement.

OBSERVATION CINQUIÈME.

CONSTRICTION SPASMODIQUE DU SPHYNCTER SANS FISSURE APPRÉ-CIABLE.

Madame S..., soixante ans, hémorrhoïdaire jusqu'à cinquante,
pléthorique, mangeant de fort bon appétit, très-constipée et faisant un usage presque continuel de la poudre d'Iroé donnée par
des sœurs de charité, à Bordeaux, eut une pneumonie aiguë
l'an dernier, puis des douleurs et des cuissons très-fortes du méat
urinaire, dont je cautérisai d'abord le bourrelet. Ce premier moyen
n'ayant pas réussi, j'excisai la partie et tout fut dit.

A quelque temps de là, et après un voyage très-fatigant en
Auvergne, Mme S.... se plaignit de nouvelles hémorrhoïdes qu'elle m'assura avoir été provoquées par un long séjour en voiture.
Dès-lors les selles devinrent impossibles sans lavemens et sans
purgatifs ; les douleurs augmentèrent incessamment pendant les
garde-robes, et finirent par altérer la robuste santé de la malade.

Madame S.... suivit le traitement prescrit pendant trois semaines, garda l'appareil quatre jours sur six, et fut débarrassée de
son mal, qu'elle croyait et qu'on avait eu l'imprudence de lui dire
être incurable.

Bien que les applications pratiques de mon traitement soient
restreintes, je les crois concluantes, et propres à éveiller l'attention des médecins désireux de soustraire les malades porteurs de
fissures à l'anus aux nécessités d'une opération très-douloureuse. Un contrôle éclairé, des expérimentations bien faites, une
rigoureuse exactitude à suivre mes indications et quelque habi-
leté des mains, démontreront très-incessamment, je l'espère, la
bonté du traitement que j'ai imaginé, et qui m'a parfaitement
réussi jusqu'ici.

« J'ai toujours pensé, mon cher maître, dit le professeur Trousseau, que l'opération chirurgicale devait être l'*ultima ratio* des médecins, et que, par conséquent, il fallait avoir épuisé toutes les juridictions thérapeutiques avant de recourir au fer (1).....

» ..... Maintenant, quel sera le sort de cette utile médication (le ratanhia pour le traitement de la fissure à l'anus)? Je n'ose le dire ici, mais je crains bien qu'elle ne soit repoussée des chirurgiens qui, plus que nous, ont à traiter des fissures à l'anus. Il y a deux raisons pour que nos confrères les chirurgiens la repoussent : la première, c'est qu'elle vient d'un médecin ; la seconde,.... je vous la dirai tout bas, quand j'irai, le mois prochain, passer quelques jours avec ma mère et vous (2)...... »

Les paroles plus que sévères du professeur Trousseau à l'endroit des chirurgiens qui........, je les ai blâmées et les démens, en essayant de substituer à une opération douloureuse un mode de traitement plus doux et qui sera tout aussi efficace, je l'espère. Ainsi font les chirurgiens honorables que l'apostrophe outrageante du savant professeur ne saurait blesser : *telum imbelle sine ictu*.

Dans ces derniers temps, MM. Bretonneau, Trousseau et quelques autres médecins ont appliqué *avec succès* le ratanhia et le monesia au traitement des fissures à l'anus. Bien que d'autres praticiens, et des plus recommandables, aient imité ces honorables confrères, les succès ne se sont pas renouvelés, ou n'ont été obtenus que dans les cas où il ne s'est agi que d'une gerçure extérieure, ou bien d'une excoriation superficielle des hémorrhoïdes.

Quoique j'aie personnellement éprouvé de nombreux mécomptes touchant le traitement des fissures à l'anus par le ratanhia et le monesia, je me suis toujours fait un devoir de recourir à ces deux médicamens chez tous mes cliens avant d'en venir à l'opération. Eh bien! le croira-t-on? je n'ai pas obtenu une seule guérison, et à peine deux de mes malades, porteurs de fissures légères au-dessous du sphyncter, ont-ils éprouvé quelque amendement.

Comme en publiant ce travail je n'ai pas eu la prétention d'é-

---

(1) *Journal des connaissances médico-chirurgicales,* août 1840, p. 47.
(2) *Ibid.*, p. 55.

crire une monogrophie sur la fissure à l'anus , je conseille aux médecins qui voudront connaître l'histoire complète de cette maladie de consulter le *Traité des maladies chirurgicales*, de Boyer, quatrième édition, tome X, pages 105-127 ; le second volume du *Journal complémentaire des sciences médicales*, 1818, pages 24-44 ; le *Grand Dictionnaire des sciences médicales* , tome XV , article *fissure ;* l'article *anus* du *Dictionnaire abrégé des sciences médicales* , tome Ier , pages 348-351 ; l'article *fissure* du *Dictionnaire de médecine et de chirurgie pratiques*, tome VIII, pages 155-162 ; l'excellent article *anus* du professeur Velpeau, dans le *Dictionnaire de médecine* , deuxième édition , tome III, pages 591-304 ; l'article *rectum* du *Dictionnaire des dictionnaires de médecine*, de Fabre , tome VII , pages 22-22 ; *la Médecine opératoire*, de Velpeau , deuxième édition , tome IV ,pages 773-783 ; les *Leçons orales de clinique chirurgicale* , de Dupuytren , deuxième édition , tome IV, pages 161-167 ; les *Nouveaux élémens de chirurgie et de médecine opératoire*, de Bigin , tome Ier, pages 323-324 ; le *Traité de pathologie externe et de médecine opératoire*, de Vidal (*de Cassis*), tome V, pages 162-171 ; le journal *l'Expérience* , tome III, pages 264-267 (article du docteur Mondière , de Loudun) ; le *Bulletin chirurgical* de Laugier, tome Ier, pages 41-44 , et la plupart des recueils périodiques.

Bordeaux. — Imprimerie de BALARAC jeune.